HISTOIRE NATURELLE

DES

OISEAUX DE PROIE

D'EUROPE.

Par M. P. Boitard.

AVEC FIGURES DE TOUTES LES ESPÈCES ET VARIÉTÉS.

A PARIS,

Chez PARMANTIER, Libraire, rue Dauphine, n° 14.
AUDOT, Libraire, rue des Maçons-Sorbonne, n° 11.

—

DE L'IMPRIMERIE DE RIGNOUX,
rue des Francs-Bourgeois-S.-Michel, n° 8.

1824.

A M. GEOFFROY DE SAINT-HILAIRE,

PROFESSEUR DE ZOOLOGIE AU MUSÉUM D'HISTOIRE NATURELLE DE PARIS,
D'ANATOMIE COMPARÉE ET DE PHYSIOLOGIE AU COLLÉGE DE FRANCE;
MEMBRE DE L'INSTITUT (ACADÉMIE ROYALE DES SCIENCES),
MEMBRE HONORAIRE DE L'ACADÉMIE ROYALE DE MÉDECINE, etc.

MONSIEUR,

Je vous prie d'accepter cette Dédicace comme un hommage rendu au mérite, aux vastes connaissances que vous possédez, à cet esprit d'analyse, à ce génie, qui brillent à chaque page de vos ouvrages, et auxquels les Sciences naturelles doivent une grande partie des progrès que nous leur voyons faire chaque jour.

BOITARD.

OISEAUX DE PROIE.

ACCIPITRES.

TABLEAU ANALYTIQUE DES ESPÈCES.

10. $\begin{cases} - \text{bec fendu jusque derrière l'œil; une grande tache blanche} \\ \quad \text{sur chaque scapulaire}\ldots\ldots \ldots\ldots\ldots\ldots\ldots\ldots\ldots\ldots \textit{aigle impérial.} \\ - \text{bec fendu jusqu'au milieu de l'œil; pas de tache blanche sur les scapulaires.} \quad 11 \end{cases}$

11. $\begin{cases} - \text{jamais plus de 26 pouces}\ldots\ldots\ldots\ldots\ldots\ldots\ldots\ldots\ldots\ldots\ldots\ldots\ldots \quad 12 \\ - \text{jamais moins de 32 pouces}\ldots\ldots\ldots\ldots\ldots\ldots\ldots\ldots\ldots \textit{aigle royal.} \end{cases}$

12. $\begin{cases} - \text{queue toujours barrée}\ldots\ldots\ldots\ldots\ldots\ldots\ldots\ldots\ldots \textit{aigle moyen.} \\ - \text{queue jamais barrée}\ldots\ldots\ldots\ldots \ldots\ldots\ldots\ldots\ldots\ldots \textit{petit aigle.} \end{cases}$

AIGLES PÊCHEURS.

13. $\begin{cases} - \text{pas de dent aiguë à la mandibule supérieure du bec}\ldots\ldots\ldots\ldots \quad 14 \\ - \text{une dent aiguë à la mandibule supérieure du bec}\ldots\ldots\ldots\ldots\ldots \quad 30 \end{cases}$

14. $\begin{cases} - \text{queue carrée ou arrondie}\ldots\ldots\ldots\ldots\ldots\ldots\ldots\ldots\ldots\ldots \quad 15 \\ - \text{queue fourchue}\ldots\ldots\ldots\ldots\ldots\ldots\ldots\ldots\ldots\ldots\ldots\ldots \quad 25 \end{cases}$

15. $\begin{cases} - \text{troisième ou quatrième penne de l'aile la plus longue}\ldots\ldots\ldots\ldots \quad 16 \\ - \text{deuxième penne de l'aile la plus longue}\ldots\ldots\ldots\ldots\ldots\ldots\ldots \quad 20 \end{cases}$

16. $\begin{cases} - \text{bec très-fort, courbé seulement à sa pointe}\ldots\ldots\ldots\ldots\ldots\ldots \quad 17 \\ - \text{bec faible ou moyen, courbé dès sa base}\ldots\ldots\ldots\ldots\ldots\ldots\ldots \quad 22 \end{cases}$

17. $\begin{cases} - \text{2 pieds 4 pouces au moins ; cire embrassant toute la circonférence de la} \\ \quad \text{mandibule supérieure; poitrine et ventre de couleur foncée}\ldots\ldots\ldots \quad 18 \\ - \text{jamais plus de 2 pieds de long; cire n'embrassant pas toute la circonfé-} \\ \quad \text{rence de la mandibule; poitrine et ventre blanchâtres dans les adultes..} \quad 19 \end{cases}$

18. $\begin{cases} - \text{ailes plus longues ou de la longueur de la queue; tête et cou bruns..} \textit{ pygargue.} \\ - \text{ailes un peu plus courtes que la queue; tête et cou blancs..} \textit{ aigle à tête blanche.} \end{cases}$

BRACHYDACTYLES.

19. $\begin{cases} - \text{bec, pieds et ongles moyens; un espace garni de duvet blanc,} \\ \quad \text{sous les yeux}\ldots\ldots\ldots\ldots\ldots\ldots \ldots\ldots\ldots\ldots \textit{jean le blanc.} \end{cases}$

BALBUZARDS.

20. $\begin{cases} - \text{ongles ronds en dessous; ailes plus longues que la queue}\ldots\ldots\ldots \textit{balbuzard.} \\ - \text{ongles creusés en gouttière; ailes plus courtes que la queue}\ldots\ldots\ldots \quad 21 \end{cases}$

GERFAUTS.

21. $\begin{cases} - \text{plumage plus ou moins brun taché de blanc, ou blanc taché de} \\ \quad \text{brun}\ldots\ldots\ldots\ldots\ldots\ldots\ldots\ldots\ldots\ldots\ldots\ldots\ldots \textit{gerfaut.} \end{cases}$

AUTOURS.

22. $\begin{cases} - \text{quatrième penne de l'aile la plus longue}\ldots\ldots\ldots\ldots\ldots\ldots\ldots \quad 23 \\ - \text{troisième penne de l'aile plus longue ou égale à la quatrième}\ldots\ldots\ldots \quad 28 \end{cases}$

23. {
— bec médiocre, festonné; ailes courtes; tarses longs; dessous du corps rayé transversalement... 24
— bec faible, peu festonné; ailes moyennes; tarses courts; dessous taché longitudinalement........... 26
}

24. {
— longueur ne dépassant jamais 14 pouces; gorge rayée longitudinalement.. *épervier.*
— longueur dépassant toujours 15 pouces; gorge rayée transversalement. *autour.*
}

MILANS.

25. {
— queue très-fourchue; longueur, 26 pouces................... *milan royal.*
— queue peu fourchue; longueur, 22 pouces.................. *milan noir.*
}

BONDRÉES.

26. {
— espace entre l'œil et le bec garni de plumes serrées, coupées en écailles. *bondrée.*
— espace entre l'œil et le bec, nu.................................. 27
}

BUSES.

27. {
— tarses couverts de plumes jusqu'aux doigts................. *buse patue.*
— tarses nus... *buse commune.*
}

BUSARDS.

28. {
— la troisième et la quatrième pennes de même longueur; ailes moins longues que la queue.................................. *busard St.-Martin.*
— troisième penne la plus longue.................................. 29
}

29. {
— longueur, 19 pouces; grandes pennes blanches à leur base; collier de plumes serrées autour du cou, peu apparent............,.......... *harpaye.*
— longueur, 17 pouces; grandes pennes noires à la partie interne de leur base; collier de plumes serrées autour du cou, très-apparent...................................... *busard montagu.*
}

FAUCONS.

30. {
— cire et pieds d'un rouge cramoisi; ongles jaunes............. *hobereau gris.*
— cire et pieds jaunes ou bleuâtres; ongles noirâtres.................. 31
}

31. {
— toujours moins de 15 pouces de long............................. 32
— jamais moins de 17 pouces de long............................. 35
}

32. {
— une large bande noire depuis les yeux jusque sur les côtés du cou; ailes plus longues que la queue.................................... *hobereau.*
— pas de moustache noire; ailes pas plus longues que la queue.......... 33
}

33.
- première penne plus courte ou aussi longue que la quatrième; ailes aboutissant vers les deux tiers de la queue...................... *émérillon.*
- première penne plus longue que la quatrième; queue atteignant les trois
quarts au moins de la longueur de la queue...................... 34

34.
- ailes aboutissant aux trois quarts de la queue; ongles noirs...... *cresserelle*
- ailes aboutissant à l'extrémité de la queue; ongles blancs........ *cresserellette.*

35.
- cire et pieds jaunâtres; une large moustache brune; ailes aboutissant à
l'extrémité de la queue.. .... *faucon.*
- cire et pieds bleus; moustache à peine apparente; ailes aboutissant
aux deux tiers de la queue................................ *lanier.*

NOCTURNES.

36.
- aigrettes de plumes se redressant sur la tête........................ 37
- pas d'aigrettes.. 40

DUCS.

37.
- jamais moins de 20 pouces de long; cavité de l'oreille petite...... *grand duc.*
- jamais plus de 14 pouces..................................... 38

SCOPS.

38.
- jamais plus de 8 pouces............................... *scops.*
- jamais moins de 12 pouces................................. 39

HIBOUS.

39.
- aigrettes peu apparentes, de deux ou trois plumes ordinairement
couchées..................................... *grande chevec*
- aigrettes redressées, de dix plumes, longues comme la moitié
de la tête................................... *moyen duc.*

CHOUETTES.

40.
- conque de l'oreille étendue en demi-cercle, depuis le bec jusqu'au sommet
de la tête, garnie d'un opercule membraneux.................... 41
- conque de l'oreille consistant en une cavité ovale, n'occupant pas la moitié
de la hauteur du crâne................................. 45

41.
- extrémité des doigts nue........................ *chouette nébuleuse.*
- extrémité des doigts couverte de plumes, de duvets ou de poils......... 42

42.
- plus de 20 pouces de longueur................................. 43
- jamais plus de 14 pouces de longueur............................. 44

Rien n'est facile comme ce tableau pour arriver de suite et sans travail à la connaissance d'un oiseau. Je suppose, par exemple, que l'on ait entre les mains un hobereau gris dont on ignore le nom ; on lit d'abord les deux premières phrases accolées : *base du bec couverte d'une peau nue ; doigt extérieur dirigé en avant ;* et l'autre : *base du bec couverte de plumes tournées en avant ; doigt extérieur tourné en avant ou en arrière à volonté.* On voit de suite que c'est la première phrase qui convient à cet oiseau ; en conséquence, cette phrase renvoyant au n° 2 des chiffres placés à la colonne des accolades, on y va et on lit : *tête nue ;* et, *tête couverte de plumes.* Le hobereau gris a la tête couverte de plumes, c'est donc la seconde phrase qui lui convient : elle renvoie au n° 6 des accolades. On cherche ce n° 6 et on trouve : *un pinceau de poils raides sous le bec ;* et, *pas de pinceau de poils raides sous le bec ;* le hobereau n'en a pas, c'est donc la seconde phrase, renvoyant au n° 7 de l'accolade, qui lui convient. La seconde phrase du n° 7, qui est celle que l'on choisira, parce que l'oiseau n'a pas les tarses emplumés, renverra au n° 13. Celui-ci, l'oiseau ayant une dent au bec, renverra au n° 30, et l'on saura déjà que l'on a un faucon. La première phrase de ce numéro : *cire et pieds d'un rouge cramoisi ; ongles jaunes,* lui convenant parfaitement, on saura que l'on possède un *hobereau gris.*

Mais on ne s'en tiendra pas là. Pour s'assurer tout-à-fait de l'identité de l'oiseau, on lira la courte description que j'en donne, et on le comparera attentivement à la figure à laquelle elle renvoie.

Avant de commencer l'histoire de cette famille, intéressante par ses mœurs, sa force et son courage : intéressante même par les erreurs des naturalistes et les contes merveilleux des voyageurs, je vais rapidement passer en revue les caractères que les auteurs lui ont assignés, la place qu'ils lui font occuper dans le classement méthodique des oiseaux, et les différentes coupures qu'ils ont établies pour en former plusieurs groupes plus ou moins naturels.

Quoique ennemi de toute classification, Buffon a cependant indiqué des types auxquels il rapporte la plus grande partie des oiseaux de proie dont il a fait l'histoire ; mais il n'a pas généralisé les caractères sur lesquels il a fondé ses coupes, et toujours il s'est borné à décrire des espèces seulement. Je pense, comme ce naturaliste philosophe, que la nature n'a fait que des individus, et jamais des genres; que tout système tendant à resserrer dans un ordre particulier, dans des groupes séparés, les nombreuses tribus d'animaux qui peuplent notre globe, ne peut être que défectueux et en contradiction avec la marche admirable mais peu méthodique de la nature. Cependant je crois aussi qu'une méthode, quelle qu'elle soit, par le moyen de laquelle on peut arriver facilement à la connaissance d'un oiseau, qui sans cela serait perdu dans le nombre immense des espèces que l'on connaît aujourd'hui, est devenu une chose indispensable. Dédaignant la puérile gloire de paraître créateur d'un système, je me suis borné à présenter un tableau analytique, afin d'abréger autant que possible le travail fastidieux, mais indispensable, qui pouvait seul, jusqu'à ce jour, conduire à reconnaître plus sûrement les espèces. Cependant, mon intention étant d'être utile aux amateurs, quels que soient l'opinion et le système que chacun d'eux peut avoir adopté dans le classement d'une collection, j'ai cru devoir joindre à l'histoire des oiseaux l'histoire de la science que leur étude a fait naître. Outre cela, j'ai placé la description de chaque individu dans le rang que le système de Cuvier lui assigne, parce que cet ordre m'a paru le plus naturel, et j'ai rapporté les caractères sur lesquels ce célèbre naturaliste a établi ses divisions.

Buffon a porté dans ses ouvrages une critique aussi sévère qu'il était possible de son temps mais alors les collections étaient très-incomplètes : on manquait d'objets de comparaison, et c'est à cette raison seule qu'il faut attribuer les nombreuses erreurs où il devait nécessairement tomber. Depuis quelques années, plusieurs éditions de ses ouvrages se sont succédées avec une étonnante rapidité pour se répandre dans toutes les bibliothèques; soit négligence des éditeurs, soit que nos ornithologistes modernes aient sacrifié à l'amour-propre de créer de nouveaux ou-

vrages, personne n'a voulu prendre la peine de rectifier ses erreurs, de remplir ses omissions. Cependant les travaux des
Cuvier, Latham, Meyer, Vieillot, surtout ceux du savant Temminck, rendaient cette tâche, sinon facile, du moins faisable.
En publiant cet ouvrage, mon but est de la remplir en ce qui
concerne les oiseaux d'Europe; d'être utile aux amateurs en pla-
çant sous leurs yeux une figure exacte de chaque oiseau bien
connu par Buffon, et une autre de chaque variété d'âge ou de
sexe qui lui a fait faire un double emploi; enfin de réparer ses
omissions en donnant toutes les nouvelles espèces qui lui étaient
inconnues.

La plupart des ornithologistes ont placé les oiseaux de proie
à la tête des ordres établis, pour faciliter l'étude des espèces com-
posant la deuxième classe du règne animal, celle des oiseaux.

Linné et Gmelin (*C. Linné. Systema naturæ; edit.* 13. Curà
Jo. Frid. Gmelin), ont assigné à cet ordre les caractères suivans :
bec recourbé en dessous, mandibule supérieure dilatée sur les
côtés, ou armée d'une dent; narines grandes; pieds courts et
robustes, à doigts raboteux sous leurs articulations, à ongles
très-aigus et recourbés; corps impurs; tête et cou musculeux,
peau dure. Nourriture : proie vivante et cadavre. Nid : dans les
lieux élevés; ordinairement quatre œufs. Femelle, plus grosse
que le mâle. Monogamie. Ils divisent ensuite cet ordre en quatre
genres, au nombre desquels ils placent les pie-grièches (*lanius*),
que nous en avons retranchées. 1º VAUTOUR, *vultur;* bec crochu,
tête nue. 2º FAUCON, *falco;* bec crochu, à base recouverte d'une
cire. 3º CHOUETTE, *strix;* bec crochu, couvert à sa base de plumes
tournées en devant.

Latham (*index ornithologicus, sive Systema ornithologiæ*), n'a
rien changé à cet arrangement; seulement il donne à ses trois
genres des caractères plus détaillés. 1º VAUTOUR; bec d'abord
droit, recourbé à la pointe, à base couverte d'une peau; tête le
plus souvent sans plumes, ayant sa partie antérieure toujours

nue; langue charnue, souvent bifide; cou retractile; pieds forts, à ongles peu crochus. 2° FAUCON; bec recourbé, à base munie d'une cire; tête couverte de plumes serrées; langue bifide. 3° CHOUETTE; bec recourbé, dépourvu de cire; langue bifide; narines oblongues, recouvertes de plumes soyeuses et couchées; tête grosse, à yeux et oreilles grandes; rémiges extérieures dentelées sur leur bord extérieur; doigt externe pouvant se tourner en arrière; ongles recourbés.

Schœffer (*Elementa ornithologica*) partage les oiseaux en deux classes : 1° les NUDIPÈDES, qui ont le bas des jambes dénué de plumes; 2° les PLUMIPÈDES, dont les jambes sont emplumées jusqu'au talon. Il divise la seconde classe en dix ordres, dont le second, des *fissipèdes* à quatre doigts et à bec recourbé, se compose des oiseaux de proie. Il en forme cinq genres auxquels il assigne ces caractères : 1° VAUTOUR; bec d'abord droit, ensuite crochu, couvert d'une peau nue vers sa base; tête nue, ou un peu couverte de duvet. 2° AIGLE; bec d'abord droit, ensuite couvert d'une peau nue vers sa base; tête emplumée. 3° ÉPERVIER; bec crochu à partir de la cire, base couverte d'une peau nue; tête emplumée. 4° HIBOU; bec crochu à partir de sa racine, à base couverte de plumes dirigées en avant; tête ayant deux faisceaux de plumes redressées, imitant des oreilles. 5° CHOUETTE; bec crochu à partir de la racine, à base couverte de plumes dirigées en avant; tête n'ayant pas de plumes redressées en forme d'oreilles.

Illiger (*Prodromus;* 1811) divise les oiseaux en sept ordres, dont les oiseaux de proie forment le troisième, sous le nom de RAPTATORES, auxquels il donne pour caractères : bec muni d'une cire à sa base, médiocre, un peu épais, crochu, comprimé; narines larges, quelquefois couvertes de plumes; pieds robustes; ongles en forme de faux, allongés, forts, très-pointus. Il les divise en trois familles : 1° les NOCTURNES, *nocturni;* bec comprimé, crochu, couvert à sa base de plumes tournées en devant; yeux

2

dirigés en avant; pieds laineux; doigt externe versatile; genre chouette. 2° ACCIPITRINS, *accipitrini;* bec comprimé, crochu, couvert d'une cire à sa base; yeux latéraux; tête parfaitement emplumée; genres faucon, gypaëte. 3° VAUTOURINS, *vulturini;* bec couvert d'une cire à sa base, à mandibule supérieure crochue; tête et cou garnis d'un poil dur et raide, souvent caronculés; tarse plus court que le doigt intermédiaire; genre vautour.

Brisson (*Ornithologie, ou Méthode contenant la division des oiseaux*) a créé vingt-six ordres, dont les oiseaux de proie forment le troisième. Il l'a établi sur ces caractères : quatre doigts dénués de membranes, trois devant, un derrière, tous séparés environ jusqu'à leur origine; jambes couvertes de plumes jusqu'au talon; bec court et crochu. Il divise ensuite cet ordre en deux sections : 1° base du bec couverte d'une peau nue; 2° base du bec couverte de plumes tournées en avant. La première section renferme trois genres : 1° ÉPERVIER; bec muni d'une cire, à courbure commençant dès son origine. 2° AIGLE; bec muni d'une cire, à courbure commençant à quelque distance de son origine; tête couverte de plumes. 3° VAUTOUR; bec muni d'une cire, à courbure commençant à quelque distance de son origine; tête nue ou seulement couverte de duvet. La deuxième section renferme deux genres : 1° HIBOU; bec à base couverte de plumes tournées en devant; tête ornée de paquets de plumes en forme d'oreilles. 2° CHAT-HUANT; bec à base couverte de plumes tournées en devant; tête dénuée de plumes en forme d'oreilles.

Vieillot (*Nouveau Dictionnaire d'histoire naturelle, édit. de* 1818, au mot *ornithologie*) fait des oiseaux de proie le premier ordre de sa classification, et leur assigne les mêmes caractères que les auteurs cités. Il les divise en deux grandes tribus : 1° les ACCIPITRES DIURNES, qui ont les yeux dirigés sur les côtés. 2° les ACCIPITRES NOCTURNES, dont les yeux se dirigent en avant. Sa première tribu renferme trois familles : 1° les VAUTOURINS; bec recourbé seulement vers le bout; yeux à fleur de tête; tête ou gorge plus ou moins dénuées de plumes; jabot saillant; ailes longues. 2° les GYPAÈTES; mandibule inférieure du bec garnie, en dessous et sur les côtés, d'un faisceau de plumes raides et allongées; ailes longues. 3° les ACCIPITRINS; tête et cou parfaitement emplumés; cire et narines découvertes. Les vautourins se composent des six genres suivans : 1° vautour, *vultur;* 2° zopilote, *cypagus;* 3° gallinaze, *catharista;* 4° iribin, *daptrius;* 5° rancana, *ibycter;* 6° caracara, *polyborus.* Les gypaëtes ne renferment que le genre phène, *phene.* Les accipitrins en présentent quinze: 1° aigle, *aquila;* 2° pygargue, *haliaëtos;* 3° balbuzard, *pandion;* 4° circaëte, *circaëtus;* 5° busard, *circus;* 6° buse, *buteo;* 7° milan, *milvus;* 8° élanoïde, *elanoïdes;* 9° ictinie, *ictinia;* 10° faucon, *falco;* 11° macagua, *herpetotheres;* 12° harpie *harpya;* 13° spizaëte, *spizaëtus;* 14° asturine, *asturina;* 15° épervier, *sparvius.* La seconde tribu ne contient qu'une famille, les ÆGOLIENS, à région ophthalmique garnie de plumes disposées en rayons. Elle se compose du genre chouette, *strix.*

Temminck (*Manuel d'ornithologie; deuxième édition*) a fait des oiseaux de proie le premier ordre de sa classification. Quoique son excellent ouvrage soit entre les mains de tous les naturalistes, je vais néanmoins donner l'analyse des caractères sur lesquels il a fondé ses divisions.

Premier ordre des oiseaux d'Europe: RAPACES, *rapaces;* bec court, fort, courbé à l'extrémité, comprimé sur les côtés, muni d'une cire; narines ouvertes; pieds courts ou moyens, forts, nerveux, emplumés jusqu'au genou ou jusqu'aux doigts. Trois doigts en avant et un derrière, articulés sur le même plan, divisés, ou unis à la base par une membrane, rudes en dessous; ongles puissans, acérés, retractiles et arqués.

Il partage cet ordre en cinq genres : 1° VAUTOUR, *vultur;* bec gros, fort, beaucoup plus haut que large, muni d'une cire, droit, seulement courbé vers la pointe. Tête nue, ou couverte

d'un duvet court. Narines nues, latérales, percées diagonale-
ment vers les bords de la cire. Pieds forts; ongles peu arqués;
doigt du milieu très-long, uni à sa base avec le doigt extérieur.
première rémige courte, n'égalant pas la sixième; les deuxième
et troisième moins longues que la quatrième, qui est la plus
longue. 2° CATHARTE, *cathartes;* bec long, délié, courbé seulement vers la pointe. Tête oblongue, nue, ainsi que le haut du
cou. Narines longitudinalement fendues, placées vers le milieu
du bec, tarses nus, plus ou moins grêles, à doigts comme le précédent. Première rémige assez courte, deuxième moins longue
que la troisième, qui est la plus longue. 3° GYPAËTE, *gypaëtus;*
bec fort, long; mandibule supérieure exhaussée vers la pointe,
qui se courbe en crochet. Narines ovales, recouvertes de poils
raides dirigés en avant. Pieds comme les précédens. Ongles faiblement crochus. Première rémige un peu plus courte que la
deuxième et la troisième, qui sont les plus longues. 4° FAUCON,
falco; tête couverte de plumes; bec crochu; cire colorée, plus
ou moins poilue à sa base; mandibule inférieure obliquement
arrondie; narines latérales, arrondies ou ovoïdes, ouvertes,
percées dans la cire; tarses couverts de plumes ou d'écailles;
ongles acérés, très-crochus, mobiles, rétractiles. 5° CHOUETTES,
strix; bec comprimé, courbé depuis sa racine, muni d'une cire,
couvert en tout ou en partie de poils rudes. Tête grande, très-
emplumée. Narines latérales, percées sur le bord antérieur de la
cire, cachées par des poils dirigés en avant. Yeux très-grands,
entourés de plumes raides. Pieds. couverts de plumes souvent
jusqu'aux ongles; doigts divisés, l'extérieur réversible; première
rémige la plus courte, la deuxième n'atteignant pas l'extrémité
de la troisième qui est la plus longue.

Son genre faucon se partage en cinq divisions : 1° FAUCONS
PROPREMENT DITS; bec court, courbé depuis sa base, ayant une
ou deux fortes dents. Ailes longues; la première rémige longue,
d'égale longueur avec la troisième; la deuxième la plus longue.

2° AIGLES PROPREMENT DITS; bec fort, assez long, ne se courbant point subitement dès sa base; tarses nus ou couverts de plumes; doigts robustes, armés d'ongles puissans et très-courbés. Ailes longues; les première, deuxième et troisième rémiges les moins longues; la première courte, la quatrième et la cinquième les plus longues. 3° AUTOURS; ailes courtes, aboutissant aux deux tiers de la longueur de la queue. Première rémige beaucoup plus courte que la deuxième; la troisième presque égale à la quatrième, qui est la plus longue. Ongles très-courbes et très-acérés. 4° MILANS; narines obliques, ayant un pli au bord extérieur. Tarse emplumé au-dessous du genou. Ailes longues, la première rémige beaucoup plus courte que la sixième; la deuxième un peu plus courte que la cinquième; la troisième presque d'égale longueur avec la quatrième, qui est la plus longue de toutes. 5° BUSES; bec petit, courbé dès sa pointe. Ailes de moyenne longueur; les quatre premières rémiges échancrées, la première très-courte, les deuxième et troisième moins longues que la quatrième, qui est la plus longue. 6° BUSARDS; tarses très-longs et très-minces; queue longue et arrondie; ailes longues; la première rémige très-courte, moins longue que la cinquième; et la deuxième un peu plus courte que la quatrième; la troisième ou la quatrième la plus longue.

Les oiseaux de proie sont parmi les oiseaux ce que les carnassiers sont parmi les mammifères; comme eux, ils ne vivent que de rapine; ils emploient la ruse et la force pour surprendre les animaux faibles ou timides, les saisir, les déchirer, et se nourrir de leur chair palpitante. Comme eux encore, ils fuient la société de leurs semblables, se retirent par couple dans le fond des forêts, sur la cime des roches solitaires, dans des trous inaccessibles, ou sur des arbres élevés; ils y construisent un nid fait sans art, où ils pondent ordinairement quatre œufs, et élèvent ensuite leur jeune famille, pour laquelle ils ont peu d'affection. Les effraies, les hiboux, les chouettes habitent dans les ruines, au sommet des tours abandonnées, dans les clochers, auprès des cimetières, d'où leurs cris sinistres, ne se faisant entendre que pendant le silence de la nuit, jettent un effroi superstitieux dans l'esprit des crédules habitans de la campagne.

Tous ces oiseaux ont été pourvus par la nature d'armes fortes et tranchantes pour attaquer et dépecer leurs proies. Leur bec court et crochu, couvert à sa base d'une membrane nommée cire, leurs pieds nerveux, leurs doigts terminés par des ongles arqués, vigoureux et acérés, enfin leurs ailes puissantes et rapides leur donnent sur les autres oiseaux, et même sur les petits quadrupèdes, une supériorité de force, dont ils usent avec cruauté. Quelques-uns chassent le jour; en tournoyant dans les airs, ils s'élèvent à une hauteur prodigieuse, et leurs yeux perçans découvrent des nues l'animal tremblant, sur lequel ils fondent avec la rapidité d'une flèche; d'autres, dont les forces trahissent le courage, se rabattent sur les plus petits reptiles, sur les insectes, et particulièrement sur les coléoptères. Il en est qui, non moins féroces, mais plus lâches, se contentent de dévorer avec avidité les cadavres infects que le hasard leur présente.

Les chouettes, et tous les oiseaux de proie nocturnes attendent les ténèbres pour quitter leurs silencieuses retraites; c'est pendant le crépuscule, aux rayons de la lune qu'ils surprennent dans leur sommeil les petits oiseaux, les mulots, les grenouilles et autres animaux dont ils font leur pâture. Leurs yeux, fatigués par la trop vive lumière du jour, ne découvrent bien les objets que dans une demi-obscurité. Leurs plumes légères et molles leur permettent de glisser, pour ainsi dire, dans les airs sans faire le moindre bruit. Ils ont encore, à un degré plus marqué que les premiers, la faculté singulière de dégorger, après la digestion, une pelote formée dans leur estomac par la peau, les os et le poil des animaux qu'ils ont avalés entiers.

OISEAUX DE PROIE DIURNES.

Ils se reconnaissent à leurs yeux dirigés sur les côtés, et à la cire dont la base de leur bec est couverte. Leurs doigts sont sans plumes, trois dirigés en avant, un en arrière, et les deux externes souvent réunis à leur base par une membrane.

VAUTOURS; *vultur*. Lin.

Yeux à fleur de tête; bec allongé, recourbé seulement au bout; narines en travers; tête et cou nus ou couverts d'un léger duvet; une collerette de plumes longues et étroites au bas du cou; tarses réticulés; pieds munis d'ongles peu arqués; doigt du milieu très-long.

Ces oiseaux lâches et stupides attaquent rarement une proie vivante; ils se nourrissent plus ordinairement de charognes, qu'ils flairent de très-loin, grâce à la finesse exquise de leur odorat, et sur lesquelles ils se rendent en grandes troupes. La faiblesse de leurs ongles les empêche de pouvoir enlever leur proie, de manière que, pour porter de la nourriture à leurs petits, ils sont obligés de l'avaler et de la dégorger ensuite dans leur nid. Une humeur fétide coule continuellement des narines de ces oiseaux ignobles, dont l'attitude est gauche et la marche pesante.

1. LE VAUTOUR BRUN, Cuv., pl. I, fig. 1; LE VAUTOUR OU GRAND VAUTOUR, Buff.; VAUTOUR ARRIAN, Temm.; *vultur cinereus,* Gmel.

Peau de la tête bleuâtre, dégarnie de plumes, récouverte d'un duvet court, soyeux, d'un fauve brunâtre, formant une houppe plus garnie sur le derrière du crâne. Une grande collerette de plumes contournées, commençant à l'insertion des ailes, et remontant obliquement jusque vers l'occiput. Estomac couvert de plumes courtes, soyeuses, appliquées, brunâtres.

Couleur générale variant du brun-fauve au brun-noirâtre. Bec brun-noirâtre, à cire d'un rouge bleuâtre; iris brun; tarses blanchâtres, ongles noirs. Longueur, trois pieds à trois pieds et demi. — Cet oiseau, très-répandu dans les hautes montagnes de l'ancien continent, se trouve particulièrement dans les Alpes et les Pyrénées. Cuvier dit qu'il attaque assez souvent des animaux vivans; Temminck, au contraire, assure qu'il ne se nourrit que de charognes, et que le plus petit être animé paraît lui faire peur.

2. LE VAUTOUR FAUVE, Cuv., pl. I, fig. 2; LE PERCNOPTÈRE et LE GRIFFON, de Buff.; VAUTOUR GRIFFON, Temm.; LE CHASSE-FIENTE, Vaill.; *vultur fulvus*, Gmel.

Tête et cou garnis d'un duvet cotonneux blanchâtre, très-court; plus long, plus soyeux, et souvent fauve foncé sur l'estomac. Collerette de plumes longues et effilées, d'un blanc roussâtre, sur la partie inférieure du cou. Plumage fauve ou isabelle; grandes pennes des ailes et de la queue d'un brun noirâtre; bec d'un jaune grisâtre, cire couleur de chair; iris noisette; pieds gris; long., 3 pieds et demi à 4 pieds. On en trouve une variété, dont tout le plumage est d'un blanc plus ou moins pur, excepté les pennes des ailes et de la queue. Dans ce cas, les pieds, la peau du cou, la cire et le bec, sont d'une couleur beaucoup plus foncée, presque noirâtre. — Ce vautour, le plus répandu de tous, habite les plus hautes montagnes des Alpes, des Pyrénées, de l'Archipel, de la Silésie, du Tyrol; il niche sur les rochers les plus inaccessibles. Quoique de grande taille, il est extrêmement paresseux et lâche; il se laisse battre par les corbeaux, auxquels il n'ose pas même disputer leur infecte pâture. « Il est toujours criant, lamentant, toujours affamé et cherchant les cadavres. »

PERCNOPTÈRES ; *percnopterus.* Cuv.

Bec grêle, long, renflé au-dessus de sa courbure ; narines ovales, longitudinales ; tête seulement dégarnie de plumes.

Les anciens Égyptiens rendaient un culte religieux à ces oiseaux, parce qu'ils se réunissent en troupes nombreuses pour dévorer les cadavres, qui sans eux infecteraient une partie de l'Egypte après l'inondation périodique du Nil. Encore aujourd'hui, les habitans de ces antiques contrées les respectent assez pour ne pas les détruire; en mourant, les dévots musulmans lèguent assez ordinairement une somme d'argent pour en entretenir un certain nombre; ils les nomment *poules de Pharaon.*

3. LE PERCNOPTÈRE D'ÉGYPTE, Cuv., pl. I, fig. 3; LE VAUTOUR DE NORWÈGE ou VAUTOUR BLANC, Buff.; CATHARTE ALIMOCHE, Temm.; VAUTOUR D'ÉGYPTE, Sonn.; VAUTOUR OURIGOURAP, Vaill.; *vultur percnopterus,* Gmel; *vultur leucocephalus,* Lath. — Le jeune : LE VAUTOUR DE MALTE, Buff.; *vultur fuscus,* Gmel, Lath.

Tête et devant du cou dégarnis de plumes, d'un beau jaune; plumes du derrière de la tête longues et effilées; plumage blanc; pennes des ailes noires; cire orange; iris et pieds jaunes; bec noirâtre. Long., 2 pieds à 2 pieds et demi. — Lorsqu'il est jeune, il a la partie nue du cou et de la tête d'une couleur brunâtre, légèrement couverte d'un duvet gris; son plumage est d'un brun plus ou moins foncé, plus ou moins entremêlé de taches blanches; ses pieds et son bec sont d'un gris plombé. — Il habite les trous de rochers inaccessibles des environs de Lyon, de la Suisse, du Tyrol et de la Hongrie; il se nourrit de cadavres et, mais rarement, de petits animaux vivans.

3

GYPAËTES; *gypaëtus*. Cuv.

Tête entièrement couverte de plumes; bec très-fort, droit, crochu au bout, renflé sur le crochet; narines recouvertes par des soies raides, dirigées en avant; un pinceau de pareilles soies sous le bec; tarses très-courts et emplumés jusqu'aux doigts; ailes très-longues, à troisième penne la plus longue de toutes.

4. LE LOEMMER-GEYER OU VAUTOUR DES AGNEAUX, Buff., pl. I, fig. 4; LE VAUTOUR DORÉ, Buff.; GYPAËTE BARBU, Cuv., Temm.; GYPAËTES DES ALPES, Sonn.; *falco barbatus, magnus,* et *vultur barbarus, niger,* Gmel; *vultur barbarus, barbatus, niger,* Lath.

Tête et haut du cou d'un blanc sale; deux raies noires, dont une depuis la base du bec jusqu'au-dessus des yeux, l'autre, depuis le derrière des yeux jusque sous les oreilles; manteau noirâtre, avec une ligne longitudinale blanche sur le milieu de chaque plume; queue longue, étagée, d'un gris cendré, à baguettes blanches; parties inférieures d'un blanc roussâtre; bec et ongles noirâtres; iris orangé; œil entouré d'un cercle rouge; pieds bleus. Long., 4 pieds et demi. — Les jeunes ont la tête et le cou plus ou moins noirs ou bruns; les parties inférieures gris-brun taché de blanc et noir, et l'iris brun. — Cet oiseau se rapproche des aigles par ses formes et son courage; il est le plus grand des oiseaux carnassiers d'Europe; il attaque avec impétuosité des quadrupèdes d'assez grande taille, tels que des faons, des chamois, des bouquetins et des moutons. On raconte qu'il sait épier l'instant où un de ces animaux passe sur le bord d'un précipice pour s'élancer sur lui du haut des airs, l'y renverser par son poids et la force prodigieuse de son coup d'aile. Si l'on s'en rapporte à quelques auteurs d'une critique peu éclairée, il attaque même les hommes endormis et enlève des enfans. Cependant il se nourrit plus ordinaire-

ment de cadavres; il niche sur les rochers les plus escarpés,
et habite les hautes montagnes des Pyrénées, des Alpes, du
Tyrol et de la Hongrie.

FAUCONS; *falco*. Lin.

Tête et cou revêtus de plumes; sourcils saillans faisant paraître l'œil enfoncé ;
bec courbé dès sa base, ayant une dent aiguë à chaque côté de sa pointe ;
seconde penne de l'aile la plus longue ; ailes aussi longues ou plus longues que
la queue. — Ces oiseaux servaient autrefois à la chasse.

5. LE FAUCON, Buff., pl. II, fig. 1 (*le vieux mâle*); LE FAUCON
ORDINAIRE, Cuv.; FAUCON PÈLERIN, Temm.; LE LANIER, Buff.;
falco peregrinus, barbarus, Gmel, Lath. — Le jeune, pl. II,
fig. 2; FAUCON SORS et FAUCON NOIR PASSAGER, Buff.

Il varie beaucoup de plumage, selon l'âge, le sexe et la mue;
cependant on le reconnaît toujours à une large tache triangu-
laire qu'il a sur la joue. Tête et partie supérieure du cou plus
ou moins noirâtres, bleuâtres ou cendrées; bandes alternatives
grises ou brunes sur la queue; gorge et poitrine blanches,
finement rayées de brun noir; bec bleu ou jaunâtre; iris et
pieds jaunes. Long., 1 pied à 17 pouces. — Les jeunes ont
le front, la nuque et le cou d'un roux blanchâtre; les plumes
des parties supérieures d'un noir cendré, terminées de brun
clair; les parties inférieures blanchâtres, tachées plus largement
de brun, et l'iris brun. — Ce faucon est celui que l'on dresse le
plus ordinairement à la chasse, à cause de la rapidité de son vol.
On le trouve dans toutes les contrées montueuses de l'Europe,
et très-communément en France; il niche dans les trous de
rochers, ou sur les arbres élevés, et se nourrit de gibier, tels
que faisans, perdrix, etc.

6. Le lanier, pl. III, fig. 1; le vrai lanier, Buff.; faucon lanier, Temm.; *falco lanarius*, Lin, Gmel.

La plupart des naturalistes actuels révoquent en doute l'existence de cet oiseau, et croient que la description des auteurs anciens doit se rapporter à un jeune de l'espèce précédente; Temminck lui-même était de cette opinion, lorsqu'il publia la première édition de son Manuel. Mes recherches au cabinet d'histoire naturelle du Jardin du Roi, et dans la bibliothèque de cet établissement, m'ont mis à même de reconnaître le lanier sous l'indication de *faucon commun d'Autriche*, et de le trouver fidèlement peint, dans des anciens vélins, sous son véritable nom. Cet oiseau diffère du jeune faucon pèlerin par ses ailes beaucoup moins longues, n'atteignant qu'aux deux tiers de la queue; par sa moustache à peine apparente; ses pieds bleuâtres, la couverture inférieure de sa queue toujours blanche et sans tache; enfin par les deux premières pennes de ses ailes, dont les barbes sont tronquées vers le bout; il est aussi un peu plus grand : bec bleuâtre; cire et iris jaunes. — Il habite particulièrement le nord de l'Europe, et n'est pas commun en France; du reste, ses mœurs sont semblables à celles de l'espèce précédente.

7. le hobereau, Buff., Cuv., pl. III, fig. 2; faucon hobereau, Temm.; *falco subbuteo*, Gmel, Lath.

Une large bande noire, depuis les yeux jusque sur la partie blanche des côtés du cou; brun, ou noir bleuâtre dessus; blanchâtre, tacheté en long de brun ou de noir dessous; cuisses et bas du ventre roux; cire et pieds jaunes; iris orangé. Long., 1 pied. — Il est commun dans toute l'Europe, niche et habite dans les bois à proximité des champs cultivés, où il va faire la chasse aux petits oiseaux.

8. LE HOBEREAU GRIS, Cuv., pl. IV, fig. 2 ; VARIÉTÉ SINGULIÈRE DU HOBEREAU, Buff. ; FAUCON A PIEDS ROUGES, OU KOBEZ, Temm.; *falco vespertinus*, Gmel, Lath.

Tête, cou, poitrine et ventre d'un gris plombé, sans tache dans les mâles, avec des raies longitudinales, et des bordures noires dans les femelles; cire, tour des yeux et pieds, rouge-cramoisi dans les premiers, d'un rouge orange dans les seconds; ongles et iris jaunes. Long., 10 à 11 pouces. La femelle a souvent la tête rousse, et tout le dessus barré de cendré et de noir. — Rare en France; il habite les taillis et les broussailles, où continuellement il chasse aux alouettes, aux petits oiseaux, et même aux gros insectes, quand il ne trouve pas mieux. Il est commun en Suisse, en Pologne, en Russie et en Allemagne.

9. L'ÉMÉRILLON, Cuv., le vieux, pl. II, fig. 3 ; LE ROCHIER, Buff.; FAUCON ÉMÉRILLON, Temm. ; *falco lithofalco*, Gmel, Lath. — Le jeune, pl. II, fig. 4 ; L'ÉMÉRILLON, Buff.; *falco œsalon*, Gmel, Lath.

Brun ou cendré dessus; blanchâtre dessous; longitudinalement taché de brun, même aux cuisses; bec bleuâtre; cire, tour des yeux et pieds jaunes; iris brun. Long., 11 pouces. — Le jeune a le dessus brun foncé, avec une bordure rousse à l'extrémité des plumes, une étroite bande brune à l'ouverture du bec, la queue noirâtre, rayée de brun roussâtre, le dessous blanc jaunâtre, avec de plus larges taches brunes. — C'est un de nos plus petits oiseaux de proie; il habite les rochers et les bois, et se nourrit de petits oiseaux.

10. LA CRESSERELLE, Buff., Cuv.; le mâle adulte, pl. III, fig. 4;
FAUCON CRESSERELLE, Temm.; *falco tinunculus*, Gmel, Lath.
— Le jeune, pl. III, fig. 3; L'ÉPERVIER DES ALOUETTES, Briss.;
falco tinunculus alaudarius, Gmel.

Ailes atteignant les trois quarts de la queue; tête et queue
cendrées; parties supérieures rousses, ou d'un blanc très-légè-
rement rougeâtre, avec des taches oblongues brunes; bec
bleuâtre; cire, tour des yeux, iris et pieds jaunes; ongles
constamment noirs. Long., 13 à 14 pouces. — Les jeunes
ont le dessus d'un brun rougeâtre tacheté de noir, les
parties inférieures blanches, ou d'un blanc roussâtre, avec
des taches oblongues, noires; iris brun; cire verdâtre.—Cet
oiseau a pris son nom de son cri aigu; il habite, dans toute
l'Europe, les vieilles tours, les masures, et rarement les bois;
il chasse les souris, mulots, lézards, grenouilles, les gros
insectes et les petits oiseaux.

11. LA CRESSERELLETTE, pl. IV, fig. 1 (*par erreur sous le nom de
cressellerette*); FAUCON CRESSERELLETTE, *falco tinunculoïdes*,
Temm.

Ailes atteignant l'extrémité de la queue, sommet de la tête,
côtés du cou et occiput cendré clair, sans tache; partie supérieure d'un roux foncé rougeâtre; croupion et queue cendré
bleuâtre; une large bande noire sur la queue, terminée en
blanc; pieds jaunes, ongles constamment d'un blanc pur; bec
bleuâtre; cire, tour des yeux et iris jaunes. Long., 11 pouces.
— La vieille femelle et le jeune mâle ressemblent beaucoup à
la cresserelle femelle. — Cet oiseau, extrêmement rare, se trouve
en Italie, en Espagne, et en Allemagne; il habite les rochers,
et se nourrit de gros insectes, rarement de petits oiseaux.

GERFAUTS ; *hierofalco*. Cuv.

Bec sans dents, seulement festonné ; queue longue et étalée, dépassant notablement les ailes ; tarses garnis de plumes au tiers supérieur.

12. LE GERFAUT, Cuv.; le mâle adulte, pl. IV, fig. 3 ; GERFAUT DE NORWÈGE, Buff.; FAUCON GERFAUT, Temm.; FAUCON D'ISLANDE, Sonn.; *falco islandicus candicans,* Gmel, Lath. — Le jeune, pl. IV, fig. 4; LE SACRE, Buff.; *falco gyrfalco, sacer,* Gmel, Lath.

Blanc, rayé sur les parties supérieures et sur la queue d'étroites bandes brunes; parties inférieures blanches; taches brunes sur les flancs; bec et pieds jaunes; cire d'un jaune bleuâtre; iris d'un jaune brillant. Long., 21 à 22 pouces. — Les jeunes ont beaucoup moins de blanc ; le dessus d'un brun cendré; le dessous marqué de grandes taches brunes longitudinales; pieds plombés; cire bleuâtre; iris brun, souvent une dent très-aiguë au bec. — Ce faucon, le plus estimé pour la chasse, n'habite guère que le nord de l'Europe, où il niche dans les rochers les plus hauts et les plus escarpés; il se nourrit d'oiseaux et de petits quadrupèdes.

AIGLES; *aquila*. Briss.

Quatrième penne de l'aile ordinairement la plus longue, la première très-courte; bec sans dents, un peu festonné, très-fort, droit à sa base, courbé vers la pointe; tarses emplumés jusqu'à la racine des doigts; ailes aussi longues que la queue. Les plus forts et les plus courageux des oiseaux de proie.

13. L'AIGLE COMMUN, pl. V, fig. 1 ; L'AIGLE ROYAL, Buff., Temm., Cuv.; FALCO CRYSAETOS, Lin.; *falco niger, fulvus, fulvus canadensis,* Gmel; — Le jeune; L'AIGLE COMMUN, Buff., Cuv.

Tête et occiput d'un roux vif et doré; plumage d'un brun plus ou moins noirâtre; queue grise, rayée de brun noirâtre, ter-

minée par une large bande foncée; bec plombé; iris brun;
cire et pieds jaunes. Long., 3 pieds à 3 pieds et demi. — Les
jeunes sont d'une couleur plus claire, tirant sur le fauve; la
moitié supérieure de la queue, sa couverture inférieure, l'inté-
rieur des cuisses, les tarses, la base d'une grande partie des
plumes du corps, d'un blanc plus ou moins pur. — Cet aigle
est celui que les anciens donnaient à Jupiter, et sur le compte
duquel ils ont débité un grand nombre de fables. On le trouve
dans toutes les contrées montagneuses de l'Europe, et communément en France; il donne la chasse aux jeunes cerfs, et autres
petits quadrupèdes, aux grands oiseaux, et quelquefois se
rabat sur les cadavres.

14. L'AIGLE IMPÉRIAL, Temm., pl. V, fig. 2; *falco imperialis*,
Bechst; *falco mogilnik*, Gmel, Lath.

Il se distingue du précédent par ses ailes plus longues, sa
queue plus carrée, par l'ouverture de son bec, qui se prolonge
jusqu'au-dessous du bord postérieur de l'œil, par les cinq
écailles qu'il a sur la dernière phalange du doigt du milieu;
enfin par de grandes taches blanches, ou au moins quelques
plumes de cette couleur sur les scapulaires; le dessous du corps
est brun-noir; le ventre roux jaunâtre; le dessus d'un brun
très-foncé; iris, cire et doigts jaunes. Long., 2 pieds et demi à
3 pieds. — Les jeunes sont d'une couleur beaucoup moins
foncée; ils ont aussi moins de blanc aux scapulaires. — On le
trouve dans les forêts montagneuses des parties les plus chaudes
de l'Europe; ses habitudes sont les mêmes que celles du précédent; comme lui, il niche sur des rochers, ou, mais plus
rarement, sur des arbres très-élevés.

15. L'AIGLE MOYEN, pl. V, fig. 3; *aquila intermedia*, Mihi.

Cette espèce nouvelle a les parties supérieures d'un brun

foncé, avec le bout des plumes des scapulaires noirâtre, à reflets;
les parties inférieures d'un fauve vif, tachées longitudinalement d'un brun noirâtre sur le milieu de chaque plume;
pennes des ailes brunes, barrées de grisâtre; queue grise, ayant
six ou sept bandes étroites, d'un brun foncé, dont la dernière
très-large; extrémité bordée de blanc roussâtre; plumes des
jambes d'un fauve sombre, tachées de brun; couverture inférieure de la queue roussâtre tachée de noir; jambes et tarses
très-longs; bec plombé; cire et doigts d'un jaune bleuâtre; iris
noisette; long., 25 pouces. — Je ne connais que trois individus
de cette espèce; celui que j'ai fait dessiner a été tué dans les
environs de Paris : il est déposé dans le cabinet de M. Delalande,
frère du jeune et malheureux naturaliste voyageur, qu'une
mort prématurée vient d'arracher aux sciences et à des amis
qui le chérissaient; le second est dans le cabinet de S. A. R.
madame la duchesse de Berri; l'autre appartient à M. Bonnelli,
professeur d'histoire naturelle à Turin : il a été tué dans les
montagnes du Piémont.

16. LE PETIT AIGLE, Buff.; le jeune, pl. VI, fig. 1; L'AIGLE
   TACHETÉ, Cuv.; AIGLE CRIARD, Temm.; *falco maculatus,
   nævius*, Gmel., Lath. — Le vieux, pl. VI, fig. 4.

Il est d'un roux foncé, tirant plus ou moins sur le brun,
avec des gouttelettes fauves sur le manteau; le dessous de son
corps est plus pâle que le dessus; queue noirâtre, terminée
de brun clair ou de blanchâtre; bec noir; cire, iris et doigts
jaunes. Long., 20 à 23 pouces. — Les jeunes se distinguent à
de grandes taches ovales et blanchâtres sur les parties supérieures, qui sont aussi d'un brun plus foncé. — Il est rare en
France; mais on le trouve assez communément dans les lieux
boisés et montagneux de la Suisse, des Hautes-Alpes et d'Allemagne, où il chasse aux petits quadrupèdes et aux oiseaux.

17. L'AIGLE BOTTÉ, Temm., pl. V, fig. 4; FAUCON PATU, Briss.;
     falco pennatus, Gmel., Lath.

Cou d'un jaune roussâtre taché de brun; parties supérieures
d'un brun sombre; huit ou dix plumes blanches à l'insertion
des ailes; pennes des ailes brunes ou noirâtres; queue d'un
brun foncé en dessus, faiblement rayée, grisâtre en dessous;
parties inférieures du corps blanches ou d'un roux clair, plus
ou moins rayées de brun ou de noir; pieds, cire et iris jaunes.
Long., 17 à 18 pouces. — Il se trouve en Autriche, en Mo-
ravie, et se nourrit de petits quadrupèdes, d'oiseaux, et plus
communément d'insectes.

AIGLES PÊCHEURS; *haliætus*. Cuv.

Mêmes caractères que les précédens, mais tarses revêtus de plumes à la
moitié supérieure de leur longueur seulement. Ces animaux habitent les bords
des rivières et de la mer; ils vivent, en grande partie, de poissons.

18. LE PYGARGUE, Buff., pl. VI, fig. 3; LE PYGARGUE et L'ORFRAIE,
     Cuv.; L'AIGLE PYGARGUE, Temm.; *vultur albicilla*, Lin.; *falco
     albicilla*, Gmel., Lath.; *falco albicaudus*, Gmel. — Le jeune,
     pl. VI, fig. 2; L'ORFRAIE OU GRAND AIGLE DE MER, Buff.; *falco
     ossifragus*, Gmel., Lath.

Brun sale ou cendré, sans taches; cou et tête plus clairs;
queue blanche; bec, cire et pieds d'un blanc jaunâtre; iris
noisette. Long., 2 pieds et demi à 2 pieds 10 pouces. — Les
jeunes ont le plumage d'un brun plus foncé, taché de brun
noirâtre; la queue grisâtre, irrégulièrement tachée de brun;
le bec noirâtre, la cire et les pieds jaunes; l'iris brun. — Ces
oiseaux ne se plaisent que sur les bords des lacs et de la mer,
où ils attaquent principalement les poissons, et, à leur défaut,
des oiseaux d'eau et des petits mammifères; ils se rabattent

quelquefois sur les charognes. Ils sont communs en Hollande, en Angleterre et dans le nord de la France.

19. L'AIGLE A TÊTE BLANCHE, Buff., Cuv., Temm., pl. VII, fig. 1 ; *falco leucocephalus*, Lin., Gmel., Lath.

Il diffère du précédent par sa tête, la partie supérieure du cou, les couvertures et les pennes de la queue, qu'il a d'un blanc pur. Bec, cire, pieds et iris d'un jaune pâle. Long., 2 pieds et demi à 3 pieds. — Les jeunes ne se distinguent des jeunes pygargues que par leur queue plus longue et leur plumage moins taché de brun. — Très-rare, et seulement de passage dans le nord de l'Europe. Il ne vit que de poissons.

BALBUZARDS; *pandion*. Cuv.

Bec et pieds des aigles pêcheurs, mais ongles ronds en dessous ; tarses réticulés ; seconde plume de l'aile la plus longue.

20. LE BALBUZARD, Buff., Cuv., pl. VII, fig. 2; AIGLE BALBUZARD, Temm.; *falco haliætus*, Lin., Lath.; *falco arundinaceus*, Gmel.

Blanc, à manteau brun; tête et poitrine plus ou moins variées de brun ; souvent une bande blanche au dessus des yeux ; une bande brune descendant de l'angle du bec vers le dos; cire et pieds bleus; bec noir; iris jaune. Long., 1 pied 9 pouces à 2 pieds. — Les jeunes ont six bandes très-apparentes sur la queue; le manteau est roussâtre; et la couleur des pieds est d'un bleu jaunâtre. — Cet oiseau, très-répandu partout, aime la lisière des forêts, et les rochers auprès des eaux; il se nourrit des poissons qu'il poursuit en plongeant jusqu'au fond des ondes.

BRACHYDACTYLES; *brachydactylus.*

Bec des aigles; jambes et tarses longs, à ongles faibles, creusés en dessous ; quatrième et cinquième plumes de l'aile les plus longues; corps épais ; tête grosse. Je ne prétends ici que placer un oiseau oublié par Cuvier, ne se rapportant à aucune de ses divisions, et non pas créer un nouveau genre inutile.

21. Le jean le blanc, Buff., pl. VII, fig. 3; aigle jean le blanc, Temm.; *falco gallicus,* Gmel., Lath.; *falco brachydactylus,* Wolf.

Joue garnie de duvet blanc; tête, gorge, poitrine et ventre blancs, un peu variés de brun clair; manteau brun; queue blanche en dessous, gris-brun, rayée de brun foncé en dessus; bec noir; cire, tarses et doigts bleuâtres; iris jaune. Long., 2 pieds. — Les jeunes ont beaucoup moins de blanc; les parties inférieures d'un roux brun; le bec bleuâtre; les pieds gri-sâtres. —Il habite les forêts de sapins de l'Allemagne, de la France, de la Suisse, et se nourrit de grenouilles, serpens, petits quadrupèdes et oiseaux.

AUTOURS; *astur.* Cuv.

Ailes plus courtes que la queue; bec courbé dès sa base; tarses un peu courts, écussonnés; quatrième penne de l'aile la plus longue, la première plus courte que la deuxième.

22. L'autour, Buff., Cuv., Temm.; le vieux, pl. VII, fig. 4; *falco palumbarius,* Gmel., Lath. — Le jeune, pl. VIII, fig. 1 ; l'autour sors, Buff.; *falco gallinarius, gentilis,* Gmel.; *falco gentilis,* Lath.

D'un cendré bleuâtre sur le dos; blanc en dessous, rayé de brun transversalement; cinq bandes d'un brun noirâtre sur la queue; bec noirâtre; cire verdâtre; iris et pieds jaunes. Long.,

19 pouces à 2 pieds. — Le jeune a le dessous d'un roux blanchâtre, marqué de grandes taches longitudinales brunes; quatre
bandes à la queue; la cire et les pieds d'un jaune bleuâtre;
l'iris d'un gris blanchâtre. — Commun dans les bois montagneux de la France, de l'Allemagne et de la Suisse; il se nourrit
de gibier, de volaille et de petits quadrupèdes. Autrefois on
l'employait à la fauconnerie.

23. L'ÉPERVIER, Buff., Temm., Cuv., pl. VIII, fig. 2; *falco nisus,*
Lin., Gmel., Lath.

Il ressemble assez à l'autour quant aux couleurs, mais sa
taille est beaucoup plus petite, et ses jambes plus longues; bec
noirâtre; cire verdâtre; iris et pieds jaunes. — Les jeunes ont
le dessous taché longitudinalement en roux, et ont les plumes
du dos plus ou moins bordées de cette couleur. — Cet oiseau,
que l'on dressait aussi à la chasse, habite les bois et les champs
de toute l'Europe; il vit de rats, de petits oiseaux et de lézards;
il niche sur les arbres.

MILANS; *milvus.* Cuv.

Tarses courts, écussonnés; ongles et becs faibles; ailes longues; queue
fourchue.

24. LE MILAN ROYAL, Buff., Temm., pl. VIII, fig. 3; MILAN
COMMUN, Cuv.; *falco milvus,* Lin., Gmel., Lath.; *falco aus-*
triacus, Gmel., Lath.

Plumes de la tête et du cou longues et effilées, blanchâtres ;
dessus du corps d'un brun roux; le dessous rouillé, avec des
taches longitudinales brunes; queue rousse, très-fourchue; une
dent émoussée à la mandibule supérieure du bec; iris, cire et
pieds jaunes. — De tous les oiseaux de proie, c'est celui qui
vole avec le moins de peine et se soutient le plus long-temps

dans les airs. Il est lâche, et n'attaque guère que les reptiles, les petits quadrupèdes, et les jeunes oiseaux de basse-cour. Il est commun partout, et niche sur les arbres.

25. LE MILAN NOIR, Buff., pl. VIII, fig. 4; le MILAN NOIR, ou PARASITE, Temm.; le MILAN PARASITE, Vaill.; *falco ater, ægyptius*, Gmel.; *falco ater, parasiticus, Forskahlii*, Lath.

Tête et gorge couvertes de plumes effilées, plus ou moins blanchâtres; parties supérieures gris-brun, les inférieures roussâtres; queue brune, peu fourchue, rayée de neuf ou dix bandes plus claires. Bec et iris noirâtres; cire et pieds jaunes. Long., 22 pouces. — Le jeune est d'une couleur plus foncée, surtout au cou et à la tête. — Rare en France et dans le reste de l'Europe; commun en Afrique. Il se nourrit de petits quadrupèdes et de poissons.

BONDRÉES; *pernis*. Cuv.

Intervalle entre l'œil et le bec couvert de plumes serrées, coupées en écailles; bec faible, courbé dès sa base; tarses à demi-emplumés vers le haut, et réticulés; queue égale; ailes longues.

26. LA BONDRÉE, Buff., pl. IX, fig. 1; BONDRÉE COMMUNE, Cuv.; BUSE BONDRÉE, Temm.; *falco apivorus*, Gmel., Lin., Lath. — La jeune, pl. IX, fig. 2.

Moins grande que la buse; brun plus ou moins cendré dessus, ondée de brun et de blanchâtre dessous; tête d'un cendré bleuâtre; cire d'un gris noirâtre; iris et pieds jaunes. Long., 2 pieds. — Dans le midi de la France et dans les Vosges. Elle chasse aux insectes, surtout aux guêpes et aux abeilles, quelquefois aux petits oiseaux, aux mulots et aux reptiles.

BUSES; *buteo*. Cuv.

Bec courbé dès sa base; ailes longues; queue égale; intervalle entre le bec et les yeux, sans plumes; pieds forts.

27. LA BUSE PATUE, Cuv., Temm., pl. X, fig. 2; *falco lagopus*, Lin., Gmel., Lath.

Tête et haut du cou d'un blanc jaunâtre, rayé de brun; dos et manteau variés de brun et de fauve; parties inférieures brun jaunâtre; pieds emplumés jusqu'aux doigts; bec noir; iris brun; cire jaune. Long., 20 à 27 pouces. — Cet oiseau se plaît dans les taillis avoisinant les étangs et les marais; il vit de rats d'eau et autres petits animaux; il attaque parfois la volaille. Il est commun, quoique de passage, dans le nord de l'Europe.

28. LA BUSE, Buff., Temm ; la jeune, pl. IX, fig. 3; LA BUSE COMMUNE, *falco communis fuscus*, Gmel., Lath.; *falco variegatus*, Gmel. — La vieille, ou BUSE BRUNE, pl. IX, fig. 4; FALCO BUTEO, Lin., Gmel., Lath. — Variété blanche, pl. X, fig. 1 ; LE BUZARDET, Vieill.; *falco albidus, versicolor,* Gmel.

Brune, plus ou moins ondée de blanc au ventre et à la gorge; queue un peu arrondie, traversée de douze bandes plus foncées; bec plombé; cire, iris, et pieds jaunes. Long., 20 à 22 pouces. — Elle varie singulièrement selon l'âge et le climat, et passe quelquefois, par des nuances imperceptibles, du blanc au brun foncé. — C'est l'oiseau de proie le plus commun et le plus nuisible de nos contrées; il demeure toute l'année sur les arbres élevés de nos forêts, sur des buttes ou des rochers, d'où il tombe sur sa proie, consistant en gibier, en volaille, et, à leur défaut, en rats, serpens, grenouilles et gros insectes. Il niche sur les vieux arbres.

BUSARDS; *circus*. Cuv.

Tarses plus élevés que les buses ; une espèce de collier formé de chaque côté
du cou par les plumes qui couvrent les ailes.

29. LA HARPAIE, Buff., Cuv., pl. XI, fig. 4; BUSARD HARPAIE OU
DES MARAIS, Temm.; *falco rufus*, Gmel., Lath. — Le jeune,
pl. XI, fig. 2; LE BUSARD DES MARAIS, Buff.; *falco æruginosus*,
Gmel., Lath.

Tête, cou et poitrine blanc jaunâtre taché de brun; dos brun
roussâtre; pennes de l'aile noires, blanches à leur origine;
parties inférieures rousses, tachées de roux pâle; bec noir; cire
et pieds jaunes; iris orangé. Long., 19 à 20 pouces. — Les
jeunes sont bruns avec plus ou moins de fauve clair à la
tête et à la poitrine. — Ils habitent de préférence les bords des
étangs et des marais, pour être à portée de donner la chasse
aux reptiles, aux jeunes oiseaux d'eau et aux petits quadrupèdes
dont ils se nourrissent. Ils nichent sur la terre, au milieu des
roseaux.

30. LE BUSARD SAINT-MARTIN, Temm.; le mâle, pl. X, fig. 3;
L'OISEAU SAINT-MARTIN, Buff.; LA SOUBUSE et L'OISEAU SAINT-
MARTIN, Cuv.; *falco bohemicus, albicans, griseus, montanus,*
Gmel.; *falco europhigistus, griseus,* Lath. — Passant du jeune
âge à l'état adulte, BUSARD A CROUPION BLANC, et BUSARD VARIÉ,
Vieill. — La femelle et le jeune, pl. X, fig. 4; LA SOUBUSE, Buff.;
LE BUSARD ROUX, Vieill.; FAUCON A COLLIER, Briss.; *falco pygar-
gus, hudsonius* et *Buffonii,* Gmel.; *falco ranivorus, rubigi-
nosus, pygargus,* Lath.

Toutes les parties supérieures d'un gris bleuâtre; croupion,
abdomen et dessous de la queue d'un blanc pur; ailes moins
longues que la queue; troisième et quatrième pennes de l'aile
d'égale longueur; iris et pieds jaunes. Long., 18 à 21 pouces. —

La vieille femelle et le jeune mâle ont les parties supérieures brunes; le dessous fauve, taché longitudinalement de brun. —Ils habitent les bois à proximité des rivières et des marais de la Hollande, l'Allemagne, l'Angleterre et la France. Ils chassent et se nourrissent comme la Harpaie.

31. LE BUSARD MONTAGU, Temm., pl. XI, fig. 1. — Variété femelle noirâtre, pl. XI, fig. 3. Comme il a toujours été confondu avec le précédent, la même synonymie lui convient.

Il diffère du busard Saint-Martin par les taches lancéolées brunes qu'il a sur l'abdomen; par ses ailes, ayant sur leurs pennes secondaires deux bandes transversales noires, aboutissant à l'extrémité de la queue, et dont la troisième penne est la plus longue. Il est aussi un peu moins grand; iris et pieds jaunes. Long., 17 pouces. — La femelle ne diffère guère de celle du Saint-Martin que par les caractères que nous venons d'indiquer, et par un peu de blanchâtre autour des yeux. — Les jeunes ont sur le derrière de la tête une grande tache jaunâtre, et les parties inférieures d'un roux vif, sans tache. — Plus répandu au midi de l'Europe que le précédent; en Hongrie, en Silésie, en Autriche et en France. La variété de femelle presque noire, que j'ai fait peindre, a été tuée dans les environs de Chartres.

OISEAUX DE PROIE NOCTURNES.

Ils se reconnaissent à la grosseur de leur tête; à leurs yeux très-grands, dirigés en avant, entourés d'un cercle de plumes soyeuses, effilées et appliquées; enfin, au doigt externe de leurs pieds, se dirigeant à volonté en avant ou en arrière.

HIBOUS; *otus*. Cuv.

Deux aigrettes de plumes sur le front, se relevant à volonté; conque de l'oreille s'étendant en demi-cercle depuis le bec jusqu'au sommet de la tête, et munie d'un opercule membraneux; pieds garnis de plumes jusqu'aux ongles.

32. LE MOYEN DUC OU HIBOU, Buff., pl. XII, fig. 1; LE HIBOU COMMUN, Cuv.; HIBOU MOYEN DUC, Temm., *strix otus,* Lin., Gmel., Lath.

Aigrettes de dix plumes, longues comme la moitié de la tête; parties supérieures fauves, tachées et vermiculées de brun; les inférieures plus pâles, tachées de la même couleur; iris jaune ou rougeâtre; bec noir. Long., 13 pouces. — Les jeunes et les femelles sont un peu plus pâles, avec des taches d'un gris blanchâtre. — Cet oiseau a l'industrie de s'emparer des nids de corbeaux, d'écureuils, de pies, ou d'autres animaux, pour élever sa famille. Il est commun partout, habite les bois, et se nourrit de petits quadrupèdes et d'insectes.

33. LA GRANDE CHEVÈCHE, OU LA CHOUETTE, Buff., pl. XII, fig. 2; LA CHOUETTE OU LE MOYEN DUC A HUPPES COURTES, Cuv.; HIBOU BRACHIOTE, Temm.; *strix brachyotos, ulula,* Gmel., Lath.; *strix accipitrina,* Gmel.

Aigrettes de deux ou trois plumes très-courtes, ne paraissant guère que lorsque l'oiseau est vivant et irrité, et n'existant même que dans le mâle; cercle des yeux noirâtre; parties supérieures fauves, tachées transversalement de brun noirâtre; parties inférieures plus pâles, tachées longitudinalement de brun; bec noir; iris jaune. Long., 12 à 13 pouces. — Commune dans toute l'Europe. Elle chasse aux souris, mulots, musaraignes, et niche par terre, dans les buissons ou les roseaux.

CHOUETTES, *ulula*. Cuv.

Bec et oreilles des hibous, mais pas d'aigrettes ; pieds emplumés.

34. LA CHOUETTE NÉBULEUSE, Temm., Sonn., pl. XIII, fig. 1 ; CHOUETTE DU CANADA, Cuv.; *strix nebulosa*, Lin., Lath., Gmel.

Face rayée de brun; parties supérieures brunes, rayées transversalement de blanchâtre; cou et poitrine barrés en travers de brun et de blanchâtre; ventre blanchâtre, avec des raies longitudinales brunes; extrémités des doigts dégarnies de plumes; bec jaune et iris brun. Long., 20 à 22 pouces. — Les jeunes ont le bec plombé, et les couleurs plus rembrunies. — Elle habite le nord de l'Europe, la Suède et la Norwége; se nourrit de gibier et de rats, et niche sur les arbres.

35. LA CHOUETTE LAPONNE, Temm., pl. XII, fig. 4; LA GRANDE CHOUETTE GRISE DE SUÈDE, Cuv., mais non pas sa synonymie; *strix laponica*, Retz.

Face rayée; queue presque égale; dessus mélangé de gris et de brun, un peu vermicellé; dessous blanchâtre irrégulièrement et longitudinalement taché de gris brun; pieds emplumés jusqu'aux ongles; bec et iris jaunes. Long., 20 pouces. Temminck dit en posséder une de 30 pouces de long; cet oiseau serait alors le plus grand des nocturnes. — N'habitant que les parties les plus septentrionales de l'Europe, ses mœurs sont restées inconnues jusqu'à ce jour.

36. CHOUETTE DE L'OURAL, Temm., pl. XIV, fig. 3. LA CHOUETTE DES MONTS URALS, Sonn.; *strix uralensis*, Pallas, Gmel.; *strix litturata*, Retz.; *strix macroura*, Natterer.

Face blanchâtre; queue très-étagée; dessus blanchâtre marqué de grandes taches longitudinales; dessous blanchâtre, marqué, sur le milieu de chaque plume, par une large raie longitudinale brune; doigts couverts de poils blancs, pointillés de brun; iris brun; ongles jaunes. Long., 2 pieds. — Les jeunes sont de couleur brun clair, rayés longitudinalement de brun cendré en dessous, maculés de brun cendré, de roux, et de taches blanches ovoïdes en-dessus. — Cette espèce ne se trouve que dans le Nord; en Laponie, en Suède, en Russie, rarement en Allemagne. Elle se nourrit de petits quadrupèdes, de petits oiseaux, et niche dans des trous d'arbres.

EFFRAIES; *strix*. Cuv.

Oreilles des hibous, à opercule encore plus grand; mais bec allongé, courbé seulement vers la pointe, et pas d'aigrettes; tarses emplumés; doigts couverts de poils.

37. L'EFFRAIE OU FRESAIE, Buff., pl. XII, fig. 3; CHOUETTE EFFRAIE, Temm.; *strix flammea*, Lin., Gmel., Lath.

Dos d'un jaunâtre clair, varié de gris et de brun, piqueté de points blancs enfermés chacun entre deux points noirs; ventre blanc ou fauve, piqueté ou non; iris noir. Long., 13 pouces. — Varie beaucoup; plus ou moins foncée, plus ou moins blanche. — C'est cette espèce que les gens crédules regardent plus particulièrement comme l'oiseau sinistre dont le cri est une annonce de mort. Elle est très-commune partout, niche dans les trous de vieilles murailles, ou dans des troncs d'arbres, et habite les tours, les clochers, les vieilles églises et les ruines abandonnées. Elle se nourrit de mulots, de chauves-souris, de coléoptères et de papillons de nuit.

CHATS-HUANS; *syrnium.* Cuv.

Conque de l'oreille se réduisant à une cavité ovale qui n'occupe pas moitié de la hauteur du crâne; pas d'aigrettes; pieds emplumés jusqu'aux ongles.

38. LE CHAT-HUANT, Cuv.; CHOUETTE HULOTTE, Temm.; le mâle, pl. XIII, fig. 2; LA HULOTTE, Buff.; *strix aluco*, Gmel., Lath. — La femelle, pl. XIII, fig. 3; LE CHAT-HUANT, Buff.; *strix stridula*, Gmel., Lath.

Dessus grisâtre, largement taché de brun foncé, avec de plus petites taches fauve clair, et de plus grandes, blanches, sur les scapulaires; dessous d'un blanc roux, avec des taches brunes, en forme de croix; iris d'un bleu noirâtre. Long., 14 à 15 pouces. — La femelle est rousse, tachée en travers de brun. — Assez commun dans les grandes forêts de la France, où il niche dans les creux d'arbres et dans les nids abandonnés. Il se nourrit de souris, mulots, petits oiseaux, reptiles et insectes.

DUCS; *bubo.* Cuv.

Même conque d'oreille, mais deux aigrettes; pieds emplumés jusqu'aux ongles.

39. LE GRAND DUC, Buff., Cuv., pl. XIII, fig. 4; HIBOU GRAND DUC, Temm.; *strix bubo*, Lin., Gmel., Lath.

Dessus irrégulièrement maculé et pointillé de noir et de fauve; gorge blanche; dessous fauve, taché longitudinalement de noir; plumes des pieds rousses; iris orangé. Long., 2 pieds à 2 pieds 2 pouces. — La femelle n'a pas la gorge blanche; ses couleurs sont plus foncées, et sa taille plus grande. — Cet oiseau, rare en France, habite les grandes forêts, particulièrement de la Hongrie, de l'Allemagne et de la Suisse. Il niche dans les ruines, les trous de rochers, et se nourrit de faons, de lièvres et autres animaux plus petits; il se rabat même sur les reptiles et les insectes.

CHEVÈCHES; *noctua.* Cuv.

Conque de l'oreille très-petite; cercle de plumes effilées moins grand, moins complet que dans les ducs.

40. LA CHOUETTE HARFANG, Buff., Temm., pl. XIV, fig. 1. LE HARFANG, Cuv.; *strix nyctea,* Lin., Gmel., Lath. — Le vieux mâle, pl. XIV, fig. 2. COHUETTE BLANCHE, Vaill.; *strix candica,* Lath.

Plumage blanc de neige, plus ou moins marqué de taches transversales brunes; iris orangé. Long., 2 pieds. — Le vieux mâle est entièrement blanc. — Cette chouette ne se trouve que dans les régions les plus froides de l'Europe. Elle se nourrit de lièvres et autre gibier, de souris, mulots, et niche dans les trous d'arbres.

41. LA CHOUETTE CAPARACOCH OU ÉPERVIÈRE, Buff., pl.XIV, fig. 4. CHOUETTE DU CANADA, *id.;* CHOUETTE A LONGUE QUEUE, DE SIBÉRIE, *id.;* CHOUETTE CAPARACOCH, Temm.; CHOUETTE ÉPERVIÈRE, Sonn.; *strix funerea,* Gmel., Lath.; *strix hudsonia, accipitrina,* Gmel.; *strix ulula,* Lin.

Front pointillé blanc et brun; oreilles encadrées dans un cercle noir; dessus taché brun et blanc; dessous blanchâtre rayé en travers de brun cendré; queue longue, brune, rayée en zigzags; bec et iris jaunes. Long., 13 à 14 pouces. — Elle ne quitte guère le Nord; n'est que de passage en Allemagne, et ne se montre qu'accidentellement en France. Elle niche sur les arbres, et se nourrit d'insectes et de mulots.

42. Chouette tengmalm, Temm., pl. XV, fig. 1 ; petite chouette d'uplande, Sonn.; *strix tengmalmi*, Lin., Gmel., Lath.; *strix funerea*, Lin. Cuvier n'a fait qu'une espèce de cette chouette et des deux suivantes, sous le nom de *chevèche commune* ou *perlée*.

Dessus d'un fauve foncé, nuancé de noirâtre; tête et nuque marquées de petites taches blanches et rondes; bec et iris jaunes. Long., 8 à 9 pouces. — La femelle a le dessus d'un brun grisâtre; une tache noire entre l'œil et le bec; le dessous varié de blanc, et une quantité de petites taches de cette couleur, et rondes, sur la tête et les ailes. — On la trouve dans tous les pays montagneux de l'Europe; mais elle est rare partout. Elle habite dans les forêts de sapins, niche dans leurs troncs, et se nourrit de souris, de petits oiseaux et d'insectes.

43. La chevèche ou petite chouette, Buff., pl. XV, fig. 2; chouette chevèche, Temm.; *strix passerina*, Gmel., Lath.

Dessus d'un gris brun, irrégulièrement taché de blanc; gorge blanche; abdomen fauve pâle, avec des taches brunes; cire olivâtre; iris jaune. Long., 9 pouces. — La femelle, moins colorée, a du fauve sur le cou. — Assez commune dans toute l'Europe, elle se plaît dans les ruines, niche dans les trous d'arbres ou de murailles, et se nourrit comme la précédente.

44. La chevéchette, Vaill., pl. XV, fig. 3; la chouette d'acadie, Sonn.; chouette chevéchette, Temm.; *strix acadica*, Gmel.; *strix acadiensis, strix tengmalmi, var.*, Lath.

Elle diffère de la précédente par sa taille plus petite, par des taches transversales brunes qu'elle a sur les flancs, par son bec plombé, orange à sa base, et jaunâtre à la pointe. Elle a quatre bandes blanches et étroites sur la queue; le dessus du corps d'un gris brun foncé, taché et pointillé de blanc ; de grands espaces blancs à la gorge et au cou ; le dessous du corps blanc, avec des taches longitudinales brunes ; les paupières et l'iris jaunes. Long., 6 pouces. — Quoique très-rare, on la trouve partout. Elle niche dans les creux de sapins ou dans les trous de rochers, et se nourrit de souris, et plus particulièrement de gros insectes.

SCOPS ; *scops.* Cuv.

Oreilles à fleur de tête ; des aigrettes semblables à celles des ducs ; doigts nus.

45. LE SCOPS OU PETIT DUC, Buff. , pl. XV, fig. 4 ; HIBOU SCOPS, Temm.; DUC DE ZORCA, Sonn.; *strix scops,* Gmel., Lath.; *strix zorca* et *carniolica,* Gmel.; *strix zorca* et *giu,* Lath.

Aigrettes formées de six ou sept plumes brunes ; tête de la même couleur, pointillée de noir ; dessus du corps d'un gris roussâtre, irrégulièrement ondulé et vermicellé de noir et brun ; dessous plus clair, taché de la même manière ; bec noir ; iris jaune. Long., 7 pouces. — Commun dans les environs de Lyon, de Mâcon, en Suisse, dans les Vosges et le Jura. Il se nourrit comme la Chevéchette, et niche dans les vieux chênes ou dans les fentes de rochers.

FIN DES OISEAUX DE PROIE.

Pl. 1.ere

2.

1.

4.

3.

1. Le Vautour brun.
2. Le Vautour fauve.

3. Le Percnoptère d'Égypte.
4. Le Lammer-geyer.

Werner del.t

Lith de Demanne.

Pl. 2.

1. Le Faucon   (vieux)
2. Le Faucon   (jeune)

3. L'Emerillon (vieux mâle.)
4. L'Emerillon (jeune.)

Wiener del.   Lith de Demanne.

Pl. 3.

Le Hobereau.

Le Lanier.

La Cresserelle (Adulte).

La Cresserelle (Jeune)

Pl. 4.

1. La Cresserelle
2. Le Hobereau Gris
3. Le Gerfaut (1ᵉ Mâle)
4. Le Gerfaut (Jeune)

Werner.

Lith de Desanne.

Pl. 5.

Werner

1. Aigle commun.
2. Aigle Impériale.

3. Aigle Moyen.
4. Aigle Botté.

Lith. de Demonne.

Pl.6.

1. Le Petit Aigle (Jeune)

2. Le Pygargue (Jeune)

3. Le Pygargue (Vieux)

4. Le Petit Aigle (Vieux)

Werner

Lith. de Pernois

Pl. 7.

1.

2.

3.

4.

1. L'Aigle à tête blanche.

2. Le Balbuzard.

3. Le Jean-le-blanc.

4. L'Autour (vieux.)

Werner del.'

Lith. de Dremans

Pl. 8.

Pl. 9.

1. La Bondrée Vieille.

2. La Bondrée Jeune.

3. La Buse Jeune.

4. La Buse Commune.

Werner

Lith. de Demanne.

Pl. 10.

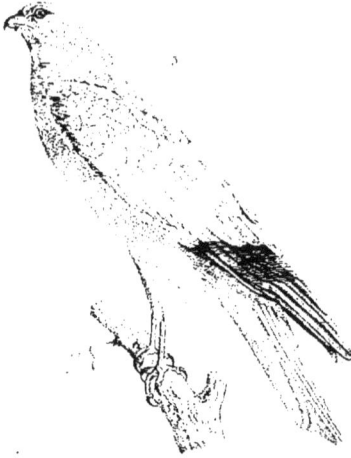

1. La Buse Variété
2. La Buse Pattue
3. Le Busard St. Martin (V.ᵉ Mâle)
4. Le Busard St. Martin (Femelle)

Pl. 2

1. Le Busard Montagu (mâle)
Le Busard Montagu (Femelle)

La Harpaye (Jeune)
4 La Harpaye (Adulte)

Werner.

Lith. de Demanne.

Pl. 12.

1. Le Moyen Duc.
2. La G.^{de} Chevêche.
3. L'Effraie.
4. La Chouette Laponne.

... aîné del.   *Lith. de Bernard*

Pl. 13.

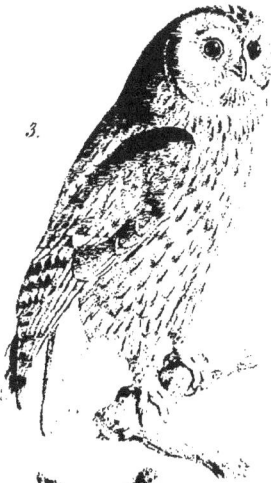

1. La Chouette nébuleuse.   3. Le Chat-huant fem.

2. Le Chat-huant mâle.   4. Le Grand Duc.

Werner.   Lith. de Dumonne.

Pl. 4.

1. *Harfang (Jeune).*
2. *Harfang (Vieux).*
3. *Chouette de l'Oural.*
4. *Chouette Caparacoch.*

Werner del.

Lith. de Beaumont

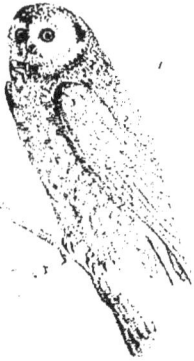

Pl. 15.

1 La Chouette Tengmalm

2 La Petite Chevêche

3 La Chevêchette

4 Le Scops

www.ingramcontent.com/pod-product-compliance
Lightning Source LLC
Chambersburg PA
CBHW050534210326
41520CB00012B/2577